地震知识一卡通

之地震科学常识

四川省地震局 编

U0186803

成都地图出版社

编写组：彭　涛　　卢　婷　　格桑卓玛　　张新玲　　陈耕耘
　　　　罗　松　　何濛滢　　李　兰　　魏娅玲　　冯　薪
　　　　胡　耀　　陈秀波　　刘　蓉
编　审：何玉林　　吴微微
顾　问：杜　方　　龚　宇

图书在版编目（CIP）数据

地震知识一卡通之地震科学常识/四川省地震局
编.-- 成都：成都地图出版社有限公司,2022.8
ISBN 978-7-5557-1554-2

Ⅰ.①地… Ⅱ.①四… Ⅲ.①地震－普及读物 Ⅳ.
①P315-49

中国版本图书馆CIP数据核字(2020)第154284号

责任编辑：游世龙

成都地图出版社出版　　发行
（地址：成都市龙泉驿区　　　邮政编码：610100）
成都市金雅迪彩色印务有限公司印刷
开本 787×1092　1/16　印张3.5　字数100千
2020年8月第1版　　　2022年8月2次印刷
审图号：GS川（2022）21号
印数：1 501~3 000　　　　定价：20.00元

PREFACE 前言

　　破坏性地震因其造成的灾害猝不及防、防不胜防而令人恐怖、畏惧和害怕。事实上，地震是地球与生俱来的一种十分普遍的自然现象，就如同刮风、下雨一样平常。据统计，全球每年发生大大小小的地震约500万次，平均每天发生1多万次，85%的地震分布于海洋，仅15%的地震分布于陆地；感觉不到的地震占99%，能感觉到的地震仅占1%，绝大多数地震不为人们所感觉。而在有感地震中，全球平均每年发生可能造成破坏的地震100次左右，可能造成严重破坏的7级以上地震18次左右。破坏性地震虽然不是随时随地可能发生的，但却是一种会对我们生命财产造成严重威胁的自然灾害。既然如此，我们就必须认真对待地震，与地震风险共存，既不能生活在地震的阴影之下，被地震所吓倒，又不能心存侥幸，消极回避。要采取积极的防御措施，尽可能减轻地震灾害风险。为此，我们必须充分地、科学地认识地震。

　　本书分为"为什么会发生地震""地震是怎么回事"和"地震灾害有哪些"三大部分，针对民众关注的热点，结合一些具体地震实例，采用漫画的形式，较为系统地对地震科学常识进行了说明和讲解。其中"为什么会发生地震"部分，主要说明了地震发生的主要原因、地震的基本类型和地震的分布区域；"地震是怎么回事"部分，侧重讲解了关于地震的一些基础概念和基本常识，以帮助人们科学地认识地震；"地震灾害有哪些"部分，着重讲述了地震可能造成的灾害类型和影响，希望有助于人们采取有针对性的防范措施，减少地震灾害损失。

　　编写地震科普读物是一件不容易的事，既要通俗易懂，又要科学准确，但是二者往往难以兼顾。在本书的编写过程中，编写组人员尽量使用通俗的语言进行描述，其间也插入了一些实际的事例，同时运用漫画形式，进行形象的说明和解读，以期帮助人们增进对于地震科学知识的理解。

　　由于编者水平有限，本书难免有贻误、疏漏之处，敬请谅解。

四川省地震局
2020年08月

CONTENTS 目录

CONTENTS 目 录

CONTENTS 目录

为什么会发生地震

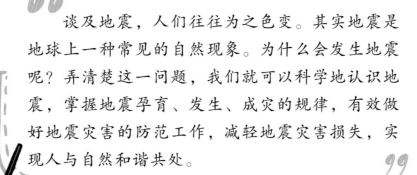

　　谈及地震，人们往往为之色变。其实地震是地球上一种常见的自然现象。为什么会发生地震呢？弄清楚这一问题，我们就可以科学地认识地震，掌握地震孕育、发生、成灾的规律，有效做好地震灾害的防范工作，减轻地震灾害损失，实现人与自然和谐共处。

什么是地震

　　简单地讲，地震就是地面的震动。全球平均每年发生约500万次地震，能被人们感觉到的地震约5万次，可能造成破坏的地震仅约100次。其实，地震就像刮风、下雨一样，是一种自然现象而已。

地震分三种类型。

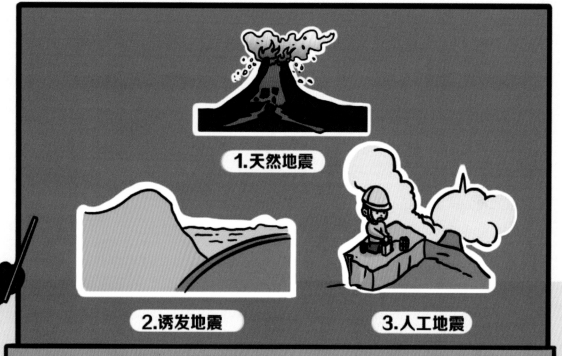

1.天然地震

2.诱发地震

3.人工地震

地震的类型有哪些

根据地震形成的起因，地震通常分为天然地震、诱发地震和人工地震三种类型。

什么是天然地震

　　天然地震是由地球内部活动引发的地震。这些地震可分为因板块活动引发的板块地震、因区域地质构造活动引发的构造地震、因火山活动引发的火山地震和因地表或地下岩层陷落引发的陷落地震。天然地震数量最多、震级高、危害大。

由于地下岩洞等塌陷造成的地震是诱发地震。

什么是诱发地震

　　诱发地震按诱因不同，可分为水库诱发地震、注（抽）水诱发地震、矿山采掘诱发地震（即矿震）等不同类型地震。

什么是人工地震

　　人工地震是由于爆破、核爆炸、物体坠落等人为活动造成的地震。人工地震有的可能会造成破坏和损失，应尽量避免或避开；而有的则可用来为经济发展、科学研究和军事服务。

构造地震是怎么回事

　　构造地震是由区域地质构造即断层活动引发的地震，如2008年5月12日发生的汶川8.0级特大地震。世界上85%～90%的地震，特别是绝大部分造成重大灾害的地震，都是构造地震。人们平时所说的地震，通常都是指能够造成灾害的构造地震，这是天然地震中最多的一种类型。

地震按震源深度怎么分类

　　根据震源深浅的不同，地震可分为三种类型：震源深度小于60千米的浅源地震，震源深度在60～300千米之间的中源地震，震源深度超过300千米的深源地震。

这个距离就
是震中距。

1000KM   100KM

地震按远近怎么分类

　　根据震中距的不同，地震可分为三种类型：震中距在100千米以内的为地方震，震中距超出100千米却又在1000千米以内的为近震，震中距在1000千米以外的为远震。

<1级	1级≤震级<3级	3级≤震级<5级	5级≤震级<7级	7级≤震级<8	≥8级

地震按强度怎样分类

根据地震强度即震级的不同，地震可分为六大类：震级<1级的为极微震，1级≤震级<3级的为微震，3级≤震级<5级的为有感地震，5级≤震级<7级的为中强地震，7级≤震级＜8级的为大地震，震级≥8级的特大地震。

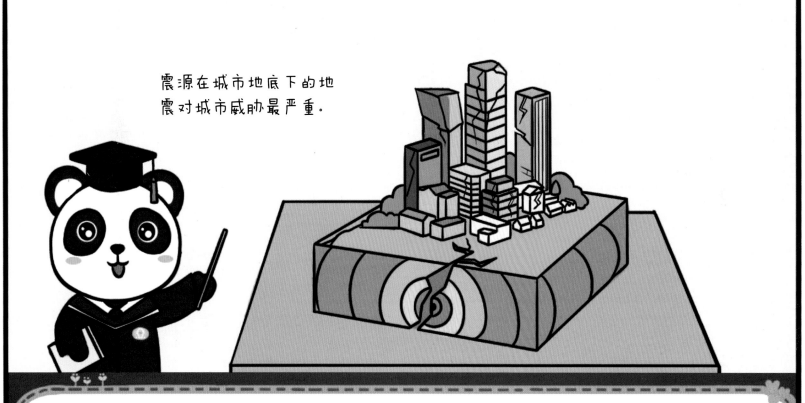

震源在城市地底下的地震对城市威胁最严重。

什么是城市直下型地震

城市直下型地震就是震源在城市地底下的地震。这是一种对城市威胁最严重的地震，也是城市防震减灾最应重视的地震。1976年7月28日发生的唐山7.6级地震，就属于城市直下型地震。

为什么说地震与地壳构造活动有关系

地球始终处于运动状态，每天既在自转，又在公转。因地球内部是由地壳、地幔和地核组成，它们具有不同的物质形态，加之地壳分为不同的岩石圈和板块，板块间的活动差异成为地震的发生原因之一。所以，绝大多数破坏地震是与地壳构造活动有关的。

曾经发生或者可能再发生地震的断层叫活动断层。

断层与地震有什么关系

　　在地壳及其表面，大规模线状分布的破裂构造被称为断层。曾发生和当代可能再发生地震的断层，称之为活动断层。构造地震均是因活动断层的运动造成的。

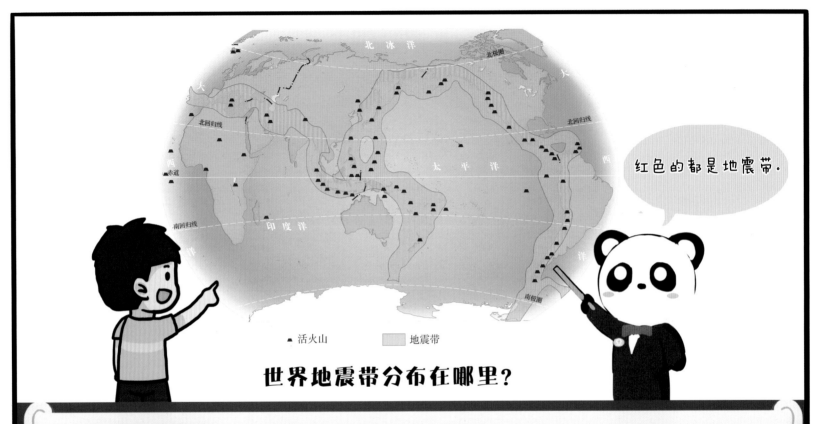

红色的都是地震带。

▲ 活火山　　　　■ 地震带

世界地震带分布在哪里？

什么是地震带

　　地震带是指地震集中分布的地带。从全球来看，地震带基本上分布在板块交界处。在地震带内地震分布密集，在地震带外地震则分布零散。地震带常与一定的地震构造相联系。全球的地震主要集中分布在三大地震带：环太平洋地震带、欧亚地震带和海岭地震带。

我国除上海外的其他省级行政区都发生过5级以上的地震。

欧亚大陆板块

菲律宾板块

太平洋板块

为什么中国大陆是多地震地区

中国大陆位于欧亚大陆板块东部，因东受太平洋板块和菲律宾板块、西南受印度—澳大利亚板块的推挤，是地震的多发地区。20世纪以来，全球三分之一的大陆强震发生在中国大陆。除上海外，中国各省、自治区、直辖市历史上都曾发生5级以上地震。

什么是中国南北地震带

　　在我国大陆中部，北从宁夏，经甘肃东部、四川中西部直至云南，有一条大致呈南北走向的地震密集带，历史上曾多次发生强烈地震，仅8级地震就有7次，被称为中国南北地震带。2008年5月12日汶川8.0级特大地震就发生在该带中段。

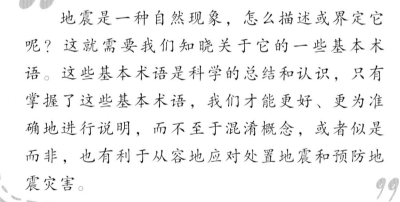

地震是怎么回事

地震是一种自然现象，怎么描述或界定它呢？这就需要我们知晓关于它的一些基本术语。这些基本术语是科学的总结和认识，只有掌握了这些基本术语，我们才能更好、更为准确地进行说明，而不至于混淆概念，或者似是而非，也有利于从容地应对处置地震和预防地震灾害。

地震三要素是什么

　　人们通常把发震时间、震中位置和震级称为地震三要素。因此，每当发生强震，政府和公众最急切想获取的、地震部门能提供的、新闻媒体最早报道的，就是这组地震参数。

什么是震源、震中和震源深度

地球内部发生地震的地点称为震源。从震源垂直向上对应地面的地方叫做震中，通常用经纬度表示震中地理位置。从震中到震源的距离，叫做震源深度。一般来讲，震源越深的地震造成的破坏越小，但有感范围越大。

大家注意，宏观震中和微观震中不一定在一起。

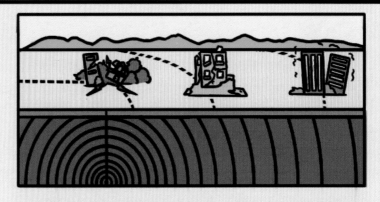

震中重合
宏观震中和微观

震中不重合
宏观震中和微观

什么是微观震中与宏观震中

微观震中是用地震仪器记录的地震波资料测定出的震中位置。经过野外宏观考察，确定的破坏最为严重的地区称为极震区，其几何中心就是宏观震中。受地质条件等因素影响，宏观震中并不一定与微观震中重合。

离震中越近，破坏一般越严重。

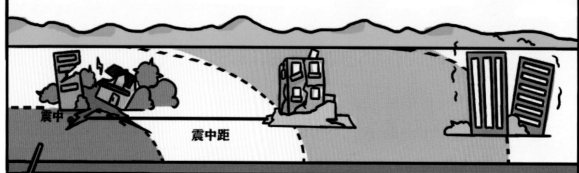

震中

震中距

什么是震中距

震中距是指从地面上的一点到震中的距离。通常情况下，震中距的大小与遭受到的破坏程度成反比。也就是说，距离发生地震的地方越近，遭受到的破坏就越大。

弱震　　**有感地震**　　**中强震**　　**强震**

震级差别1级，释放的能量相差约32倍。

什么是地震震级

地震震级是表示地震发生时震源释放能量大小的一种尺度，是通过地震仪记录的地震波形振幅大小计算得出来的。一次地震只有一个震级。震级越大，释放的能量越大，对地面造成的破坏越大。震级相差一级，释放的能量相差约为32倍。

不同的烈度对应
不同的破坏程度。

6度

7度

8度

什么是地震烈度

　　地震烈度是指地震时地面的震动程度，是用来衡量地面震动强弱程度的指标。地震烈度随着震中距的增加而衰减。一次地震虽然只有一个震级，但不同震中距的区域有着不同的烈度。我国将地震烈度分为12个等级。

什么是地震序列

地震序列是指某一区域、某一时间段内连续发生的一组按时间顺序排列的地震事件。在一个地震序列中，多数情况下，先发生的那个震级最大的地震被称为主震，其后发生的地震叫余震。

地震序列类型中最多的
一类是主震—余震类型。

主震—余震型

双震型

群震型

孤震型

地震序列类型分为哪些

　　地震序列一般分为四种类型：主震—余震型（含前震—主震—余震型），双震型（有2个主震），群震型（有3个及以上的主震），以及孤震型（前震、余震都很少）。其中主震—余震型所占的比例最大。

什么是地震动

　　地震动是指震源释放出来的地震波引起的地面运动。地震动引起的惯性力称为地震作用。表示地震动的物理参数叫做地震动参数，包括峰值加速度、反应谱和持续时间等数值。

什么是地震波

　　地震波是指地震时从震源产生在地球内部向四处辐射的弹性波。地震波可以分为纵波和横波，横波的传播速度慢于纵波，因此地震发生后，纵波总是先到达。地震波是目前我们所知道的唯一一种能够穿透地球内部的波。

一般地震震级越大，震中附近的地震烈度越高。

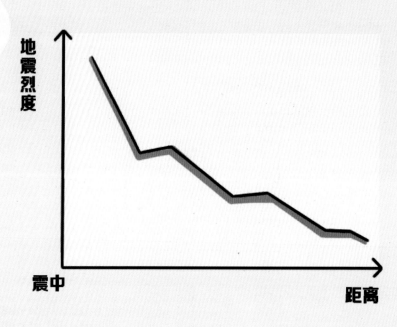

地震烈度

震中

距离

地震震级与地震烈度有什么区别

地震震级是指一次地震所释放的能量的小大，地震烈度是指一次地震对不同地方产生影响的强烈程度。两者是不同的概念，就好比一个灯泡虽然功率（相当于地震震级）是一定的，但因距离的远近而亮度（相当于地震烈度）不一。

什么是地震烈度异常区

　　地震烈度异常区，是指在同一地震烈度区内地震烈度高于或低于该区烈度值的少量区域。如在2008年汶川8.0级特大地震的6度烈度区里出现了汉源老县城8度烈度异常区，这与陕西宝鸡陈仓区7度烈度异常区有相似之处。

为什么震级要进行修正

强震发生后，首先采用几个最先记录到的地震波数据求出一个震级对外快速报告，以满足政府和公众的急切需要。之后再采用更多台站记录到的地震波数据求出震级平均值，作为正式公布震级，以确保震级的准确性。所以，要修正之前快速报告的震级。

活跃期地震比较多，平静期地震比较少。

地震活跃期与地震平静期是指什么

地震活动的频度相对较高、强度相对较大的时段，称为地震活跃期。地震活动的频度相对较低、强度相对较弱的时段，称为地震平静期。活跃与平静是相对而言的，没有固定的时长，往往交替出现。

什么叫做余震区

　　一般大地震发生后，还会有余震不断发生，余震的分布范围，称为余震区。余震主要沿着主震的发震断裂分布，但是有的强震还会牵动相邻断裂活动。如1971年云南永善7.1级地震，余震不仅沿着北西向发震断裂，还沿着北东向共轭断裂分布。

地震灾害有哪些

地震因其爆发的突然性、破坏的严重性和影响的广泛性而令人害怕和畏惧。一次破坏性地震可能造成哪些灾害性后果呢？地震灾害主要分为直接灾害、次生灾害、衍生灾害等。对此，我们必须要有清醒的认识，唯有如此，才能有针对性地采取相应的防范和处置措施，从而减轻地震灾害风险，把地震灾害损失降到最小程度。

什么是地震直接灾害

地震直接灾害是指地震波直接造成的灾害。强烈的震动会导致大量房屋倒塌，造成严重的人员伤亡和经济损失，这就是地震直接灾害，也叫做地震原生灾害。

这些都属于地震次生灾害。

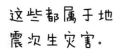

火灾

瘟疫

毒气

水灾

泥石流

什么是地震次生灾害

地震次生灾害是地震造成工程结构、设施和自然环境破坏而引发的火灾、爆炸、瘟疫、有毒有害物质污染，以及水灾、滑坡、泥石流等对居民生产和生活区的破坏。

地震次生灾害一定比原生灾害小吗

在特定条件下，地震次生灾害的危害可能超越地震直接灾害，成为地震的主要灾害。如1923年日本关东7.9级地震约90%的人员死亡是由次生火灾造成的。因此，千万要重视地震次生灾害的防治。

地震后抢购生活物资属于衍生灾害。

什么是地震衍生灾害

　　强烈地震发生后会导致一系列其他负面后果，形成灾害链，可把它称为涟漪效应或衍生灾害。如地震后的抢劫、盗窃等社会治安问题，民众抢购生活物资、企业停产破产等情况，都会加剧地震灾害的损失。

地震灾害为什么比别的灾害来得快

　　因为地震总是突然发生的，建筑物从开始振动到倒塌的时间间隔十分短暂，加之地震波传播速度很快，不同地方的人们会在较短时间内同时感觉到强烈震动。这是其他如水灾、旱灾等自然灾害不能比拟的。

地震会造成哪些心理影响

在地震灾害发生后，有些人遭受了巨大的财产损失，目睹了亲朋好友的离去，或因自己身体受到伤害，原来自己所熟悉的生活环境发生了意想不到的转瞬即逝的改变，可能会产生强烈的恐惧、悲伤、失望、焦虑等心理反应，造成严重的心理影响。

地震灾害的严重程度由哪些因素决定

地震灾害的严重程度主要由地震的大小、自然环境和社会环境抗御地震的能力决定，即与震级、震源深度、震区自然环境、地震发生时间、人口密度、经济发展程度和建筑物抗震能力等因素密切相关。

这个断层上的建筑被破坏的程度是最厉害的。

地震断层对建筑物有什么影响

　　在地震灾害现场经常会看到一些坐落在地震断层上的建筑物被错断、撕裂的现象，造成这些现象的原因是地下能量的突然释放，导致地震断层错动。这种能量十分巨大，建筑物的抗震措施是无法抗拒的，唯有避开地震断层，才能有效避免此类灾害的发生。

为什么地震后容易造成火灾

　　地震发生后，由于建筑物倒塌而引发的电线短路、煤气泄漏、输油管破裂、炉灶翻倒等情况往往容易造成火灾，加之供水系统被破坏，消防水源短缺，所以火灾是最容易发生的地震次生灾害。1906年4月18日美国旧金山发生8.3级地震，大火烧了3天3夜。

危险化学品泄露可能造成哪些危害

　　地震一旦使生产或储存有毒有害物料的设备、容器和输送管道遭到破损，有毒有害气体就会迅速向周围泄漏，造成大范围人员伤亡。另外，核电站、核废料埋置区等设施也可能因地震造成核物质泄漏，形成严重核辐射。

砂土液化是怎么回事

　　砂土液化是在地震动的作用下，饱和砂土孔隙水的压力升高，其抗剪强度或对剪切变形的抵抗能力降低或完全丧失的一种现象。1964年日本新潟7.1级地震引起砂土液化，几栋公寓倾斜或倾倒。

山区常见的地震次生灾害有哪些

　　山区常见的地震次生灾害主要有山崩、滑坡、泥石流等地质灾害。由于山区高差变化大，坡陡岩性疏松、结构多裂隙的地质灾害隐患点，遭遇强烈震动时极易发生山崩、滑坡、泥石流等次生地质灾害。

地震堰塞湖是怎么形成的

　　地震引发的山崩、滑坡、泥石流等次生地质灾害堵塞江河形成的湖泊，叫做地震堰塞湖。当堵塞体承受不了不断上涨的湖水压力时，就可能溃坝，在下游地区造成水灾。1933年8月25日四川茂县叠溪7.5级地震就造成岷江中下游大范围的次生水灾。

地震海啸是怎么造成的

地震海啸是因海域发生大地震时海床下沉或隆起引起巨大海浪向四周传播造成的。如2004年12月26日印度尼西亚9.1级地震引发海啸，造成近30万人罹难。海洋地震并不都会引发海啸，只有满足一定条件的海洋地震才会引发海啸。

震后疫病为什么容易流行

　　首先，灾后人们较为集中，这虽然有利于灾民生产生活恢复，为灾民生产自救创造条件，但容易造成疾病的传播。其次，强烈地震发生后，大量的人畜死亡和环境污染，病毒、病菌滋生蔓延，灾区群众抗病免疫力下降，灾区正常防疫工作受阻，极易引发鼠疫、霍乱、伤寒等疫病流行。1920年12月16日宁夏海原8.5级地震，因疫病死亡数万人。